AF340007

ROYAT

1906

ROYAT

❦

SITE

Royat est un des sites les plus ravissants et une des plus élégantes stations thermales de l'Auvergne. Elle est située à l'altitude de 450 mètres, dans un ravin ombragé et pittoresque, qui prend naissance sur le plateau de la chaîne des Puys, non loin du puy de Dôme, et qui débouche dans la Limagne, en face de Clermont. Une coulée de lave, issue du petit puy de Dôme, encombre le fond du ravin, entrave le cours du torrent la Tiretaine et produit une foule d'accidents pittoresques. Sur la rive gauche, la route coupe plusieurs fois cette coulée en tranchées ; sur la rive droite, s'élèvent des falaises abruptes, sur lesquelles sont bâtis les principaux hôtels de la station thermale. Le puy de Gravenoire, ancien volcan, dont les flancs scoriacés, rougis ou noircis par le feu, supportent une belle végétation d'arbres verts, domine Royat de près de 400 mètres.

ALTITUDE, TEMPÉRATURE, HYGROMÉTRIE

Grace à son altitude de 450 mètres, Royat profite à la fois des avantages du climat de plaine et du climat de montagne. La température moyenne pendant l'été y est moins élevée qu'en plaine et les soirées y sont toujours fraîches et agréables. Pendant la journée même, une brise légère descendant des monts Dômes y renouvelle constamment l'air. D'autre part, le voisinage de la plaine met la station à l'abri des variations trop brusques du thermomètre.

Les moyennes des mois de la saison pendant les dix dernières années ont été : en mai, 13º ; en juin, 17º ; en juillet, 19º ; en août, 20º ; en septembre, 15º.

La hauteur annuelle des pluies est de 744^{m}/^{m}25. Le sol, d'une perméabilité extrême grâce à sa nature volcanique, reste toujours sec et propre, absorbant avec une rapidité surprenante les pluies les plus abondantes. L'humidité, le brouillard, la rosée même, sont inconnus à Royat Toutes ces considérations se joignent à l'altitude pour faire de cette station une des mieux disposées en ce qui concerne l'hygiène des rhumatisants et aussi des personnes atteintes de maladies du cœur ou des artères.

SOURCES

Saint-Mart, César, Saint-Victor, Eugénie et Velleda

Les eaux de Royat sont thermales, carbogazeuses, chargées de bicarbonates alcalins et ferrugineux ; elles contiennent en proportion importante la lithine et l'arsenic. Cinq sources sont utilisées pour le traitement des malades : quatre gazeuses (Eugénie, César, Saint-Mart et Saint-Victor) et une non gazeuse (Velleda). Elles sont soigneusement couvertes pour conserver dans l'eau de la source l'intégralité de l'acide carbonique et la protéger des poussières extérieures. Leur débit total fournit chaque jour la quantité énorme de un million 815.900 litres d'eau dont la température varie de + 14º5 (source Velleda) à + 35º5 (source Eugénie).

SOURCES	SAINT-MART Truchot	SAINT-VICTOR Truchot	CÉSAR Lefort	EUGÉNIE Lefort	VELLÉDA Lab. ph. nor.
Débit en 24 heures, litres.	225.000	30.000	34.500	1.440.000	85.400
Température.............	31°	20°	28°	35°5	14°5
	gr.	gr.	gr.	gr.	gr.
Bicarbonate de soude.....	0.8003	0.8886	0.3920	1.349	0.0861
— de potasse....	0.1878	0.2300	0.2860	0.435	0.0310
— de chaux.....	0.9696	1.0121	0.6860	1.000	0 0864
— de magnésie .	0.6508	0.6464	0.3970	0.677	0.0057
— de fer........	0.0230	0.0560	0.0250	0.040	néant
— de manganèse	traces	traces	traces	traces	néant
Sulfate de soude..........	0.1463	0.1656	0.1150	0.185	0.0161
Phosphate de soude.......	traces	traces	0.0140	0.018	néant
Chlorure de sodium......	1.5655	1.6497	0.7660	1 728	0.0133
Iodure et chlorure de sodium	traces	traces	traces	indices	néant
Silice..................	0.0945	0.0950	0.1670	0.136	0.0354
Alumine.................	traces	traces	traces	traces	traces
Chlorure de lithium (1)..	0.0350	0 0350	0.0090	0.035	néant
Arséniate de soude (2) du Cod	0.0013	0 0045	0.0007	non dosé	néant
Total des matières fixes...	4.4741	4.7329	2 8577	5.623	0.2740
Gaz acide carboniq. libre.	1.709	1.492	1.229	0.377	néant

(1) Truchot, 1875.
(2) Ecole des Mines, 1870.

Si on évalue les poids des sels dissous dans les eaux minérales de Royat, on reste stupéfait des résultats obtenus.

La source Eugénie donne à elle seule 2.488.320 grammes de chlorure de sodium par jour.

Elle tient en dissolution 7 kil. 200 de chlorure de lithium par jour, 2,600 kilos par an.

La source Saint-Victor, la plus arsénicale, fournit par an 49 kil. 275 d'arsénic.

Quant à l'acide carbonique. les chiffres sont les suivants : 4.000 litres à la minutes, 240.000 litres par heure, 5,760,000 litres par jour.

1º La Source Eugénie, la plus chaude, la plus minéralisée (plus de 5 gr. 6 par litre), est surtout utilisée pour les services du Grand Etablissement Thermal. Elle est également employée en boisson, grâce à sa forte alcalinité, chez les arthritiques, chez les diabétiques et particulièrement chez les personnes atteintes de bronchites chroniques.

2º La Source César, très gazeuze, tiède, alcaline, moyennement minéralisée, réunit toutes les propriétés nécessaires pour stimuler les estomacs débiles, exciter l'appétit et la sécrétion du suc gastrique. C'est la source des dyspeptiques.

3º La Source Saint-Mart, la plus anciennement connue, célèbre sous le nom de *Fontaine des goutteux*, très riche en substances alcalines et particulièrement en lithine, jouit d'un pouvoir remarquable comme éliminatrice et réductrice de l'acide urique. Pendant les premiers jours de son emploi, le sable des urines augmente, puis il disparaît dans le cours de la seconde semaine. C'est la source des rhumatisants, des goutteux, des grave-

ÉTABLISSEMENT DE SAINT-MART

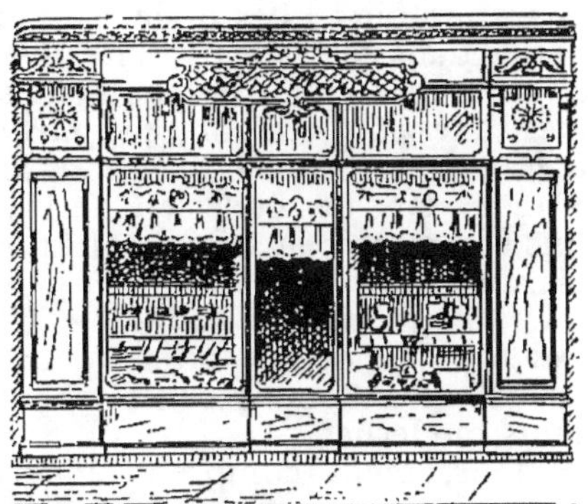

leux, de tous ceux qui souffrent d'un excès d'acide urique et
d'une nutrition ralentie.

4° La Source Saint-Victor, froide, très gazeuse, riche en
fer et contenant juqu'à 4 milligrammes d'arsenic par litre, est la
source des jeunes filles chlorotiques, des anémiques de retour
des pays chauds.

5° La Source Velleda est froide, non gazeuse, très agréable
au goût : très faiblement minéralisée, elle peut être considérée à
juste titre, comme le type de l'eau pour *cure de lavage*. Traver-
sant l'organisme avec une rapidité extraordinaire, elle entraîne au
passage des quantités considérables de ces déchets insuffisamment
oxydés et toxiques que l'organisme des arthritiques produit en si
grande quantité. Son action est surtout efficace chez les malades
dont le fonctionnement des reins reste insuffisant, chez les albuminuriques, chez certains cardiaques, et chez les artérioscléreux.

INSTALLATIONS BALNAÉIRES

Trois sources sont utilisées en trois établissements différents
pour la médication externe sous forme de bains, ce sont les
sources Eugénie, César et Saint-Mart.

La Source Eugénie dessert à elle seule tous les services du
Grand Établissement. Situé au milieu du parc, le Grand Etablissement avec sa façade de proportions heureuses, avec sa décora-
tion intérieure toute en tonalités claires, produit une impression
agréable d'élégance et de confort moderne. Cette élégance se re-
trouve dans ses *115 cabines de bains* chaque année remises à
neuf avec un souci constant de propreté, d'hygiène et de bien-
être pour les baigneurs. L'Etablissement comprend de plus un
certain nombre de *cabines de luxe* avec toilette, salon de repos
à tentures lavables, etc. Les galeries sont maintenues par un système de radiateurs à une température douce et constante de
manière à garantir les personnes délicates contre tout risque de
refroidissement après la sortie du bain. En dehors des cabines de
bains, les baigneurs trouvent à leur disposition des salles *d'hy-
drothérapie* froide et chaude, d'irrigations vaginales et intesti-
nales, des cabines de *bains hydroélectriques* locaux et généraux,
des bains d'air chaud et de vapeur, de massage, etc

Quatre *salles d'aspiration* de vapeur d'eau d'Eugénie alterna-
tivement et largement aérées y servent au traitement des affections des voies respiratoires. Les malades, après un séjour plus
ou moins prolongé dans ces salles, se rhabillent dans des cabines
spéciales et sont ramenés à leur hôtel en chaises à porteurs.

Deux grandes salles contiennent les *appareils à pulvérisations
pharingées, à humage et à irrigations nasales,* dont l'installation, refaite en 1904, dans des boxes en marbre blanc, répond aux
données les plus récentes de la science. Les appareils, renickelés
après chaque saison, *sont stérilisés à la température de 130°
chaque fois qu'ils ont été mis en usage.*

Les *massages sous l'eau* sont donnés dans quatre salles spéciales, dont l'installation toute récente est munie des derniers
perfectionnements modernes.

Le Grand Etablissement comprend encore deux piscines à
eau courante : *l'ancienne piscine* qui sert aux ébats des enfants
et où nombre d'entre eux apprennent chaque jour les principes
de la natation, et la *nouvelle piscine Duchenne de Boulogne.*
Celle-ci, créée en 1904, a été disposée d'après les conseils du

Pr. Brissaud, spécialement pour la rééducation de la marche chez les paralysés et les incoordinés

L'Établissement de César comporte 11 cabines de bains et 2 belles et vastes cabines de luxe. Les bains y sont donnés avec l'eau de la source du même nom selon plusieurs modes différents (bains A ou bains B).

Le Nouvel et Coquet Établissement de Saint-Mart, créé en 1905, près des thermes gallo-romains, a été pourvu de tous les perfectionnements que réclame le confort moderne (salons de repos précédant la salle de bains, chauffage de galeries, etc.) Cette installation a permis de compléter la gamme merveilleuse et unique des bains carbogazeux de Royat.

LES BAINS CARBOGAZEUX DE ROYAT

ON sait que les bains carbogazeux constituent un des agents les plus actifs de la thérapeutique moderne. Les bains de Royat, les plus riches et les plus puissants de France, ont de plus cet avantage unique qu'ils sont donnés avec « l'eau minérale découlant naturellement du griffon dans la baignoire, telle qu'elle jaillit du sol, avec sa température optima, sans que la main de l'homme soit obligée d'intervenir pour la modifier préalablement. » (Pr Landouzy.)

Une des supériorités des bains de Royat est encore de pouvoir être donnés suivant une gamme de trois sources, différant en teneur de gaz et en température :

Le bain d'*Eugénie* à + 35°, avec sa minéralisation totale de 5 gr. 6 et ses 0 gr. 377 d'acide carbonique ;

Le bain de *César* à + 27°, avec sa minéralisation totale de 2 gr. 8 et ses 1 gr. 229 d'acide carbonique :

Le bain de *Saint-Mart* à + 30°, avec sa minéralisation totale de 4 gr. 4 et ses 1 gr. 709 d'acide carbonique.

Etant donnée la puissance considérable de ces bains qui, *pris sans précautions*, pourraient chez certains malades déterminer des accidents graves, les médecins de Royat ont l'habitude de les graduer au cours de la cure et d'une manière différente selon les cas

On commence par les *bains A*, dont l'eau a séjourné dans l'un des réservoirs spéciaux à chacune des trois sources. On arrive plus tard aux *bains B*, dont l'eau découle directement des griffons avec l'intégralité du gaz et des sels dissous. Chacun de ces bains peut se donner aussi à *eau dormante* ou à *eau courante*. On n'arrive le plus souvent au grand courant qu'après quelques bains à *petit courant*. Dans certains cas même, les premiers bains doivent être donnés coupés de moitié d'eau douce non minérale.

La durée, la température et la nature exacte des bains varient naturellement et beaucoup selon les malades. L'administration des eaux ne peut que conseiller aux baigneurs de se renseigner à ce sujet auprès des médecins de la station, qui ont seuls qualité pour ordonner selon les indications spéciales à chacun d'eux, les différents détails de la cure.

INDICATIONS THÉRAPEUTIQUES

LA cure de Royat est indiquée dans tous les états qui se caractérisent par l'anémie, l'asthénie, le ralentissement de la nutrition, états sur lesquels s'exerce admirablement l'action tonique et reconstituante de ces eaux.

PISCINE DUCHENNE DE BOULOGNE

FRUITS CONFITS D'AUVERGNE

Maison GAILLARD

Noël PRUNIÈRE, Succr

7, Rue de l'Écu, 7

A CLERMONT-FERRAND

Succursales au Mont-Dore et à la Bourboule

Expéditions pour tous les pays

Une des premières indications de Royat est représentée par cet état constitutionnel que l'on désigne sous le nom d'arthritisme, et en sont particulièrement justiciables les *arthritiques anémiés, déprimés à tendances torpides.*

Les goutteux anémiés et fatigués, *dans l'intervalle des accès aigus* ou *dans les formes chroniques, les rhumatisants chroniques,* et particulièrement ceux qui souffrent des *petites jointures, les diabétiques asthéniques et déprimés.*

Les dyspeptiques atones et hypochlorhydriques.

Les arthritiques qui souffrent de *laryngite,* de manifestations asthmatiques, de bronchites catarrhales chroniques.

Les arthritiques à *manifestations cutanées (diabétides, eczémas, psoriasis, acné).*

La seconde indication de Royat est le tabès et particulièrement le tabès à forme anémiante et dépressive comme l'enseigne le Pr BRISSAUD.

A la période préataxique, les bains carbogazeux et particulièrement les bains de César et de Saint-Mart atténuent les douleurs et les troubles sphinctériens, et arrêtent la marche de la maladie.

A la période d'incoordination, la piscine Duchenne de Boulogne agit par l'application du principe d'Archimède pour faciliter la rééducation de la marche.

Enfin les maladies du cœur qui forment la dernière et principale indication de la station, sont spécialement justiciables de Royat;

Les malades sujets aux *troubles nerveux du cœur* (palpitations, oppression, tachycardie, douleurs névralgiques précordiales) ;

Les jeunes gens atteints d'*hypertrophie de croissance ;*

Les *troubles cardiaques de la convalescence* des maladies graves;

Les *lésions valvulaires* aux premiers stades de la période de décompensation *(principalement les lésions mitrales);*

Les *cœurs gras ;*

Enfin les *artérioscléreux,* à la période d'hypertension, au début et au plus tard, lorsqu'apparaît chez eux l'insuffisance cardiaque.

L'altitude de 450 mètres, la grande perméabilité du sol et l'absence qui en résulte de toute humidité, « *l'efficacité sans rivale de ses bains carbogazeux* », (Dr HUCHARD) la cure de terrain, l'expérience des masseurs et masseuses qui exécutent les manœuvres de gymnastique suédoise sous la direction des médecins, tout contribue à faire de Royat, selon l'expression du Pr LANDOUZY, « *la situation optima pour la cure des affections cardiovasculaires* ».

ÉPOQUE DE LA CURE

La saison commence le 15 mai pour finir le 15 octobre.

La grande saison (juillet et août) convient aux malades qui, tout en s'occupant de leur santé, désirent trouver à Royat des divertissements (fêtes, représentations de gala, etc.) et une société des plus élégantes.

L'avant-saison (15 mai-30 juin), et l'arrière-saison (1er septembre-15 octobre), donnent toute satisfaction aux personnes qui désirent le calme et la tranquillité. A ces époques, elles jouiront dans les hôtels et à l'Etablissement de réductions de tarifs importantes.

Hôtel Bristol

Situé en face de l'Etablissement Thermal et a une des Entrées sur le Parc

GRAND CONFORTABLE

Cuisine très soignée
LUMIERE ÉLECTRIQUE. — GARAGE

Prix : de 7 à 12 francs par Jour

Mᵉ PÉCHERET, Propriétaire

SALLE DE PULVÉRISATIONS

Couvertures Zinc & Ardoises

COMPTEUR D'EAU — PLOMBERIE & CANALISATION

Toitures Terrasses en Papier Volcanisé
et en Ruberoïd

MOULIN-FOURNIER

26, Rue Latour-d'Auvergne, 26

A CLERMONT-FERRAND

QUINQUINA
LE
GAULOIS

TONIQUE & FORTIFIANT

GENESTINE CLERMONT-Fᵈ

Au point de vue des indications médicales, les rhumatisants et
les albuminuriques devront choisir de préférence pour se traiter
les mois les plus chauds. Les personnes qui souffrent du cœur
et les ataxiques auront tout intérêt à venir à Royat dans les premiers jours de juin, de façon à éviter les fortes chaleurs et la
grande affluence d'août.

DURÉE DE LA CURE

LE médecin traitant fixe cette durée, qui est en moyenne de
25 jours, quelquefois davantage, particulièrement dans les
affections du cœur et du système nerveux.

MÉDECINS CONSULTANTS, RÉSIDANT A ROYAT :

M. BOUCHINET (1891), villa Puy-le-Blanc, boulevard Bazin.
M. EGERTON-BRANDT (1895), boulevard Bazin
M C -H BRANDT (1855), boulevard Bazin.
M. CHAUVET (1877), chalet des Bains.
M. ESPITALLIER (1903).
M. G -E. FREDET (1867) en sa villa, place Allard.
M. Jean HEITZ (1903), chalet Talbot, boulevard Bazin.
M. LAUSSEDAT (1881), en sa villa, avenue Abbé-Vedrine.
M. LE MARCHAND DE TRIGON (1878), en sa villa, avenue de la Gare.
M. LOPEZ (1904), villa Coustet, boulevard Bazin.
M. MOUGEOT (1905), chalet Edith, boulevard Bazin.
M C -A PETIT (1868), en sa villa, boulevard Bazin.
M. Paul J PETIT fils (1900) Castel-Hôtel.
M. ROCHER, en sa villa.
PHARMACIEN : M. MIGNARD.

INSCRIPTION DU BAIGNEUR A L'ÉTABLISSEMENT THERMAL

Tout baigneur, pour suivre son traitement, doit se faire inscrire
et prendre une carte d'abonnement aux buvettes. Saison entière,
20 francs ; 25 jours, 10 francs.

TARIF DES BAINS
DOUCHES ET AUTRES TRAITEMENTS

LES tarifs des bains varient selon l'époque de la saison et l'heure
du traitement. Le minimum est de 1 fr. 50, le maximum
2 fr 50. Les bains dans les cabines de luxe ont un tarif spécial
(4 fr les bains A, 4 fr 50 les bains B).

Les bains de Saint-Mart sont au prix de 3 fr. à toute heure et
à toute époque de la saison, sauf pour les cabines de luxe.

Des réductions de tarifs sont faites pour un certain nombre de
traitements (piscine ancienne, bains hydroélectriques) lorsque
les baigneurs prennent simultanément un certain nombre de
tickets.

Les prix des différentes sortes de douches sont compris entre
1 fr. et 2 fr. 50.

Les traitements divers sont tarifés entre 1 fr et 3 fr. Les différents massages ont des prix spéciaux.

PISCINE DE NATATION

RESSOURCES GÉNÉRALES

Autour du parc s'élèvent des hôtels construits avec tout le confort, toutes les facilités, tous les agréments de la vie mondaine; ils répondent à toutes les exigences du luxe et du confort le plus raffiné.

Des hôtels, villas, chalets, maisons particulières confortables sont également à la portée des bourses les plus modestes. La vie est facile à Royat.

On vit à la station dans des hôtels de tout premier ordre, de 10 à 20 fr. par jour; dans des hôtels de second ordre, entre 6 et 10 fr. par jour.

L'eau potable est fournie à la station par des sources abondantes, fraîches, d'une pureté parfaite, captées avec grand soin dans la montagne.

SERVICES RELIGIEUX

Culte catholique. — Eglise du Sacré-Cœur (place Allard), tous les dimanches, messes à 6, 7 et 8 heures, à 10 heures, messe des baigneurs ; pendant la semaine, messes à 6, 7 et 8 heures.

Culte protestant. — Le dimanche à 3 heures, à la chapelle anglaise, boulevard Bazin.

POSTES, TÉLÉGRAPHE, TÉLÉPHONE

Ouverture des guichets : de 7 heures du matin à 7 heures du soir. Téléphone avec Clermont-Ferrand et avec Paris

DISTRACTIONS

Royat offre à ses baigneurs et aux touristes des distractions variées. Casino avec salons de lecture, de repos, de conversation, de jeux. Salle de théâtre, de 700 places, avec éclairage électrique, où l'on joue l'opéra, l'opéra-comique et l'opérette.

Le Kursaal a une salle de théâtre où se jouent la comédie et le vaudeville.

Les deux scènes sont réunies sous une même direction artistique avec des troupes composées d'artistes de premier ordre, ayant fait leurs preuves sur les scènes les plus réputées.

Trois concerts sont donnés tous les jours dans le Parc, sous la direction d'un des meilleurs chefs d'orchestre de Paris.

Dans ce pays enchanteur de Royat, les distractions sont multipliées à plaisir. Les baigneurs y trouveront plusieurs tennis. Les représentations de gala, les concerts du dimanche et du vendredi soir dans le Parc, les représentations en plein air, les kermesses et fêtes de charité, les batailles de fleurs, les fêtes fleuries d'automobiles se succèdent pendant toute la saison.

Les grandes promenades à pied, les excursions les plus lointaines en voitures ou en automobiles, font défiler sous les yeux éblouis les beautés âpres de la montagne et des volcans, les richesses de la plaine de la Limagne, et les merveilles d'art des églises romaines, des châteaux en ruines.

CASINO MUNICIPAL ET KURSAAL

Casino municipal : Opéra, Opéra-Comique, Opérette.
Kursaal : Comédie et Vaudeville.

CASINO MUNICIPAL

PRIX DES PLACES

Fauteuil de balcon et d'orchestre . . . . 3 fr.

Stalle de balcon et d'orchestre 2 fr.

Loge découverte de rez-de-
chaussée. . . . . . . 4 fr.

Loge découverte de balcon. . 5 fr.

ABONNEMENTS

1 personne, 8 jours . . . 15 fr.
1 personne, 30 jours . . . 40 fr.
1 personne. saison entière . 70 fr.

KURSAAL

PRIX DES PLACES

Fauteuil d'orchestre. . . . 2 fr.
Galerie . . . . 1 fr.
Place de loge . . . . . . 3 fr.

MOYENS DE COMMUNICATIONS

La station thermale de Royat est desservie :

1º Par la gare de Clermont-Ferrand, ligne de Paris-Lyon-Méditerranée, 420 kil., 4 express par jour. Trajet en 7 heures. Wagon-restaurant. 1re classe, 47 fr. 70 ; 2e cl., 32 fr. 20 ; 3e cl., 21 fr.

2º Par la gare de Royat, sur la ligne de Clermont-Ferrand à Tulle, réseau de la Compagnie d'Orléans, 500 kil., 2 express par jour. Trajet en 10 heures. Trains directs. 1re classe, 56 fr.; 2e cl., 37 fr. 85 ; 3e cl., 24 fr. 65.

Tous les hôtels de Royat ont des omnibus aux gares de Clermont-Ferrand et de Royat. Tramway électrique de la gare à la station.

	1re classe	2e classe	3e classe
De Lyon à Royat, 190 kil	22 fr. 60	15 fr. 30	9 fr. 90
De Marseille à Royat, 426 kil.	48 fr. 45	32 fr. 75	21 fr. 40
De Bordeaux à Royat, 390 kil.	43 fr. 90	29 fr. 65	19 fr. 35
De Toulouse (par Brive) 441 kil.	45 fr. 45	30 fr. 70	20 fr. 05

PROMENADES ET EXCURSIONS

LES promenades et excursions sont devenues faciles et peu dispendieuses grâce aux moyens de locomotion qui se sont multipliés à plaisir.

Voitures particulières à un ou deux chevaux : prix à débattre.

Cars alpins du Syndicat d'initiative d'Auvergne pour excursion de journée et de 1/2 journée. Bureau à Royat, Boulevard Bazin.

Cars d'Auvergne, excursion journée et 1/2 journée. Bureau à Royat, Boulevard Bazin.

Services d'Automobiles de Clermont à Cébazat, huit trajets par jour.

Tramways de Royat à Clermont et réciproquement toutes les six minutes.

Montures stationnant au voisinage du Casino et des hôtels : prix à débattre.

Tramway et funiculaire du Puy de Dôme, station à Chamalières, Royat.

UN MOIS A ROYAT
UNE PROMENADE PAR JOUR

1er jour. — Royat : Etablissements thermaux. Parc. Casino. Thermes gallo-romains. Grotte du chien. Eglise-Forteresse du xiiie siècle (monument historique). Vieille croix du xie siècle.

2e Jour. — Chamalières : Eglise romane du xiie s. La Cure de Terrain.

3e jour. — Clermont-Ferrand : Cathédrale (mon. hist. xiii· s.). N. D. du Port (chef-d'œuvre du xie s.). Eglise des Carmes-Déchaux (xviiie s.). Eglise des Minimes (1630). Promenades. Cours Sablon et Fontaine Jacques d'Amboise (mon. hist 1511).

4e Jour. — Clermont-Ferrand : Maisons Blaise Pascal et J. Savaron. Squares Blaise Pascal et d'Assas. Statues de Desaix et de Domat. Monument du Centenaire de 1789. Monument d'Urbain II.

5e Jour. — Montferrand : Maison d'Adam et d'Eve, de l'Eléphant, de l'Apothicaire, de Montlosier. Eglise (mon. hist., xve et xive s.).

6e jour. — Environs de Royat : Parc Bargoin et pavillon Bellevue.

7e jour. — Puy de Montaudoux (altit. 592m).

8e jour. — Puy de Gravenoire (alt. 823m). Vue magnifique.

9e jour. — Puy de Charade (altit. 907m). Merveilleux panorama.

10e jour. — Bois-séjour et bois de Bois-Séjour : Promenade charmante, abritée.

11e jour. — Gorge de Ceyrat : Gorge magnifique, à la fois sauvage et paisible.

12 jour. — Creux d'Enfer (entre les puys de Gravenoire et de Charade.)

13e jour. — Bois de la Pauze : Belle vue de Royat dans son nid de verdure.

14e jour. — Charade : Promenade habituelle des baigneurs, retour par les bois de la Pauze.

15e jour. — La Pépinière : Parc en pleine montagne et en plein bois, ouvert aux promeneurs.

16e jour. — Bois de Villars : Promenade peu fréquentée, ombreuse et pittoresque.

17e jour. — Villars : Village curieux avec ses herbages enclos de murs de pierres sèches où pâturent les vaches.

18e jour. — Fontanas et ses nombreuses sources ; la montagne qui pleure ; vue grandiose des Monts Dômes.

PROMENADES EN VOITURE

19e jour. — Le Puy de Dôme : Merveilleux panorama, ruines du temple de Mercure, Observatoire.

20e jour. — Volvic et ses carrières. — Tournoël, splendide château féodal du xve s.

21e jour. — Lac d'Aydat ; 825 mètres d'altitude, 4 kilomètres de tour, profondeur de 12 à 30 mètres. — Village. — Traversée de la *Cheyre,* colossale coulée de lave descendue du puy de la Vache.

22e jour. — Puy de Pariou : Le plus beau cratère de l'Auvergne, près de 200 mètres de profondeur.

23e jour. — Gergovia : Plateau de 1,800 mètres de long et environ 600 mètres de large, rendu célèbre par la défense héroïque de Vercingétorix. — Monument commémoratif.

24e jour. — Pontgibaud : Château du xive s , beau musée. — Etang de Péchadoire et volcan éteint du Chalusset.

25e jour. — Orcival : Eglise, mon. hist. (xie s.) — Pélerinage le plus important de la France centrale.

26e jour. — Châteaugay : Château féodal (bien conservé), une curiosité de l'Auvergne.

27e jour. — Saint-Amand et son château. — Saint-Saturnin, le château, l'église romane, la délicieuse fontaine Renaissance.

28e jour. — Cébazat, par Durtol, Nohennent et Blanzat. Près de ce bourg, papeterie de Saint-Vincent, l'une des premières de France.

29e jour. — Riom : Eglise Saint-Amable (mon. hist. du xie s.) et ses boiseries. — Palais de Justice, belles tapisseries. — Sainte-Chapelle (du xiiie s.). — Maison dite des Consuls. — Tour de l'Horloge.

30e jour. — Thiers ou Issoire.

Les promenades en Auvergne font partie essentielle du programme d'un séjour à Royat ; nous avons cité rapidement les sites les plus intéressants et les plus pittoresques, entre lesquels les baigneurs et les touristes n'auront que l'embarras du choix.

SYNDICAT D'INITIATIVE DE CLERMONT ET DE L'AUVERGNE

TARIF DES VOITURES POUR LES GRANDES PROMENADES

BREAKS (Prix à débattre).	1 cheval	2 chevaux
Puy-de-Dome	17	20
Puy de Pariou	17	20
Pariou, les Goules, Ternant	20	25
Puy-de-Dôme, Puy de Pariou	20	25
Tournoël, Volvic	17	20
Tournoël, Enval, Riom	20	25
Lac d'Aydat	20	25
Orcival	25	30
Pont-du-Château, Mezel, Dallet, Cournon	20	25
Champeix, Saint-Nectaire (2 jours)	45	55
Clermont, Randanne, Laqueuille, Rochefort	50	60

Le tarif d'été est applicable du 1er juillet au 20 septembre.

Les voyageurs désirant suivre des itinéraires particuliers auront à s'entendre avant leur départ avec le loueur de voitures.

TRAMWAY ET FUNICULAIRE DU PUY DE DOME

Ce tramway si impatiemment attendu sera inauguré au début de la saison thermale 1906. Voici les arrêts désignés sur le parcours de cette nouvelle voie :

Clermont, place Lamartine ;
Chamalières, près Royat ;
Les Quatre-Routes ;
Durtol ;
La Baraque ;
La Font-de-l'Arbre ;
Bois de Charme-les-Chars ;
Sommet du puy de Dôme.

CURE DE ROYAT A DOMICILE

LES eaux de Royat sont captées sur les griffons mêmes des sources et embouteillées avec le plus grand soin.

Elles sont susceptibles de rendre de grands services aux malades, soit en complétant l'action de la cure, soit, au besoin, en remplaçant celle-ci pour les personnes qui ne peuvent se déplacer.

L'eau de *Royat Saint-Mart*, lithinée, est l'eau de table des goutteux et uricémiques.

L'eau de *Royat-César*, très riche en gaz acide carbonique, est l'eau de table des dyspeptiques.

L'eau de *Royat-Victor*, ferro-arsenicale, convient aux chlorotiques et aux anémiques, particulièrement aux personnes qui reviennent d'un séjour aux pays chauds.

L'eau de *Royat-Eugénie* est recommandée aux bronchitiques et à ceux qui, pendant la mauvaise saison, s'enrhument facilement.

L'eau de *Velléda (Royat-Table)* constitue une des meilleures eaux de table. Très agréable au goût, elle ne trouble pas le vin. Elle se conserve des mois entiers sans aucune altération. Son usage est à recommander, en alternant avec Royat-Saint-Mart, chez tous les arthritiques-artérioscléreux, les dyspeptiques. Même les personnes bien portantes se trouvent bien de son usage régulier qui ne fatigue jamais l'estomac, et qui les garantit d'une façon assurée contre la fièvre typhoïde dans les localités où les eaux sont fréquemment contaminées.

EXPÉDITIONS DES EAUX MINÉRALES

EAUX MÉDICINALES GAZEUSES

ROYAT SAINT-MART, ROYAT CÉSAR, ROYAT SAINT-VICTOR, ROYAT EUGÉNIE.

La caisse de 3o bouteilles.. ...... 2o fr. gare Royat.
—   5o   —   .. .. 3o fr.   —

EAU DE TABLE, NON GAZEUSE

ROYAT-TABLE, SOURCE VELLEDA

La caisse de 3o bouteilles .... 15 fr. gare Royat.
—   5o   —   .. .... 25 fr.   —

NOTICES, RENSEIGNEMENTS, COMMANDES

COMPAGNIE GÉNÉRALE DES EAUX MINÉRALES DE ROYAT

46, RUE LAFAYETTE, PARIS

Versailles. — Imp. Gérardin.